Titel

Das neue Verständnis der physikalischen
Materie Formation

von J. Willi Oberaht,

Ausgabe 2 in Deutsch   aufbauend auf
ISBN   9781986493338   Ausgabe   1   in
Englisch
mit Ergänzungen

Inhaltsverzeichnis:

1. Vorwort

2. Der Impuls, die Quelle und die Übertragung

    2.1 Die Durchdringung von Material Strukturen

    2.2 Gitterstruktur und Dichteänderungen

    2.3 Raum Zeit, Dichte Verschiebung und Kraft

    2.4 Die schwache und starke Kraft

3. Strömungsfeld- Raum und Abstossung

    3.1 Das Strömungsfeld- Raum, Emitter, Zusammensetzung

    3.2 Dunkle Energie, Turbulenzen, Licht und elektromagnetische Effekte

3.3   Austretende   Mikro-und Makrostrukturen

3.4 Konglomerat und Extruder

3.5 „Big Bang" und drehende Galaxien

3.6 Die zu beweisende Theorie

4. Zusammenfassung

5. Weitere Links und Literaturverweise

Titel

Das neue Verständnis der physikalischen
Materie Formation
von J. Willi Oberaht,

1 Vorwort

Der folgende Text erläutert eine theoretische systematische Überlegung aus dem größeren Rahmen der Astro-Physik. Es ist geplant eine Diskussion zu dem beschriebenen Thema anzuregen und in weiteren Ausgaben darzulegen. Diese aller erste Version enthielt die Grundgedanken. Am Ende erhalten wir ein grundlegendes "Werk" für die physikalische Welt zur Materie Formation und die Beziehungen zwischen den Raumsystemen.

Die Idee für diesen Text entstand beim Gedanken an eine Verbesserung der Impuls-Produktionseinheit [8] und der Kräfte am Spalt. Bei der Betätigung von „Stellschrauben" zur Verbesserung, stellt sich immer die Frage nach den wirklichen Zusammenhängen. Es bauten sich Zweifel an bestehenden Betrachtungsweisen zur Gravitation auf. Die Überlegung zum Impuls verwies den physikalischen Prozess der Welle auf eine nachgeordnete Position. Somit führte die Überlegung zur Zusammenführung der beiden bisher voneinander unabhängigen Quanten und Wellen Theorien. Die Wellenausbreitung wurde als umweltabhängiges Ergebnis zu einem Impuls ausgelösten Ereignis angesehen.

Darüber hinaus wird das frühere Verständnis der Gravitation und der Anziehungskraft der Materie (Definition gem. der Schullehre: Gravitation oder Massenanziehung, die Kraft, die zwei oder mehrere Körper allein auf Grund ihrer schweren Masse aufeinander ausüben) durch einen neuen Ansatz eines Strömungsfeldes ersetzt werden.

Der gegensätzliche Ansatz zum Thema des Textes und die Erklärung, dass die Relativitätstheorie abgewandelt werden wird, fand Interesse in einer Kerngruppe. Allerdings wurden einige an wissenschaftliche Zeitschriften gesendete „Paper" abgelehnt. Einige wenige Individuen in etablierten wissenschaftlichen Kreisen haben bereits Ihre Meinung zu diesem Thema abgegeben, wobei einige davon es vermieden, eine aktive Rolle zu übernehmen, um diese Ansicht weiter zu verbreiten.

Es fragt sich, welcher Vorteil ein solch neuer Schritt bringt. Derzeit gibt es unterschiedliche Theorien, die Teile der natürlichen sichtbaren Effekte erklären, aber Lücken hinterlassen, die nicht mit aktuellen Model erklärt werden können. Dies deutet stark auf die Möglichkeit hin, dass diese Theorien nicht vollständig sind oder nur einen kleineren Teil des simulierten Naturereignisses reflektieren.

Eine Erklärung, die die meisten der vorhandenen Einzelmodelle enthält, erhöht unsere Informationsbasis.

Nach der gewonnenen Erfahrung bringt uns das kombinierte Wissen leichter zu weiteren Einblicken und fehlenden verbesserten Beschreibungen. Danach ist eine umfassendere Theorie ein Muss!

Aus Parametern, die einfacher zu erhalten sind, kann ein Vorteil entstehen. Dies ist der Fall für den Zugriff auf z.B. eine

Materialdichte, die analysiert werden muss.

Weitere Details bringen normalerweise ein Modell näher an die Realität heran. Die Möglichkeit, ein Modell zu ergänzen, um ein genaueres Detail zu gewinnen, ist ein weiterer Vorteil.

Diese aufgeführten Vorteile werden durch die folgende Theorie erfüllt. Eine Theorie muss durch Experimente validiert und weiter diskutiert werden. Dies ist der Ausgangspunkt dieser Publikation.

2. Der Impuls, die Quelle und die Übertragung

Jeder Energiewechsel erzeugt eine <u>Verschiebung</u>.

Diese Verschiebung hängt von der anfänglichen Quellenergie, ihrer Raum Ausdehnung und der Art und Verteilung der Materie im Ausbreitungspfad ab.

Jeder Energiewechsel ist eine Verschiebung relativ zur tatsächlichen Position oder Bewegung und wird der <u>Ausgangspunkt für </u>ein Ereigniss namens <u>Impuls</u>. Viele dieser Impulse, in einer Sequenz oder zusammen mit einer Materialstruktur und möglicherweise mit einem transversalen Fluss kombiniert, bilden oder initiieren in Materie eine wellenförmige Verschiebung.

Die anfängliche Quelle ist möglicherweise nicht stark genug, um die Kernbindungskonstellation zu verändern, und wirkt sich nicht auf die äußere Elementenoberfläche aus. In diesem Fall ist die erforderliche Schwelle nicht erreicht. Größere Initial-verschiebungen und Raum-ausbreitungen beeinflussen mehr Umwelt im Sinne einer Verdrängung. Diese Verdrängung erhält einen größeren Ausbreitungswiderstand. Die Wahr-scheinlichkeit der Ausbreitung für kleinere (radiale) initiale Verschiebungen, wie z. B. Licht, in den homogenen Ausbreitungsmedien, ist höher, einen geringeren Widerstand durch die Umwelt in der Ausbreitungsrichtung zu erfahren und sich schneller auszubreiten. Durch das Hinzufügen von Quer-verschiebungen, bzw. spiralförmig umgebende Verschiebungen, in einem Ausbreitungskanal kann der Widerstand in der Ausbreitungsrichtung sogar auf Null eingestellt werden. Bestimmte Impuls Ausbreitungen bevorzugen äquivalente Ausbreitungsmedien, die von der anfänglichen Verschiebung und ihrem Charakter abhängen. Die Materie und die äußere Umwelt ist ein Medium für die Ausbreitung. Für einen kleineren Abstand zwischen den einzelnen Impuls Trägern/Kollisionen, bei gleicher anfänglichen Kraft, wir ein schwächerer Impuls benötigt. Die Beschreibung "Kleinerer Abstand" ist in Bezug auf direkt kontaktierende Material Elemente, die verschiedenen molekularen/atomaren Kerngrenzen und die räumlichen Abstände zwischen den einzelnen zu überbrückenden Materialien zu sehen. Wenn die Impuls Träger eng ausgerichtet sind und die anfängliche Verschiebung mit der notwendigen Anregung übereinstimmt, ist die Übertragung des Impulses schneller. Es kommt bei konstanten Umgebungsbedingungen zu keiner Ausbreitungswiderstandsänderung in Ausbreitungsrichtung. Dichte Impuls Träger öffnen eine schnellere Verbindung und eine höhere Anzahl von Impuls Transfers pro Zeiteinheit (mit denselben bindenden Umgebungsbedingungen) im Vergleich zu einer lockeren Trägerstruktur. Die beobachtete schnellere Raum Ausdehnung kann logisch mit dieser Annahme erklärt werden und könnte als Kondensations-Effekt visualisiert werden. Turbulenzen bilden einen Bereich des größeren Ausbreitungswiderstandes, oft zeigt der Raum Lichteffekte und langsamere Transfers im Vergleich zu Orten mit schnelleren Raum- Ausbreitungen. Dies würde mit Einsteins Annahme der konstanten Lichtgeschwindigkeit für ruhende oder bewegte Beobachter übereinstimmen. Bewegte Beobachter würden im Vergleich zu den ruhenden mehr Störungen/Turbulenzen im Ausbreitungsmedium erzeugen oder anders betrachtet eine Änderung des Widerstandes in Ausbreitungsrichtung. Letztlich waren wir nicht in der Lage, eine bedeutende zusätzliche Beschleunigung zu jedem bewegten Lichtträger zu produzieren, den wir als Beweis für Einsteins Postulat heranziehen würden. Der Autor bezweifelt eine lineare Abhängigkeit zwischen der möglichen Geschwindigkeitszunahme und der Widerstandsänderung. Damit wäre das Einsteinsche Postulat eine Näherung unter der Vernachlässigung der Terme höherer Ordnung.

Der Annahme folgend, dass ein von einer Quelle erzeugter Impuls den gleichen "äußeren" Impuls erzeugen würde („äußeren" bedeutet in diesem Zusammenhang außerhalb der Primärreaktion), würde die Annahme gelten, dass die Masse von <u>zwei Fusionselementen</u> oder anderen Quellen der Energieverschiebung multipliziert mit einem Faktor gleich der erzeugten Kraft über Reaktionszeit ist. Fügen wir auf beiden Termen dieser Gleichung die Entfernung hinzu, kann die bekannte Einstein-Gleichung extrahiert werden (einfaches zweidimensionales atomares Energieverteilungs- Parabel Modell).

Impuls (Fusion) = Impuls(trans) =>

$$F \cdot t \cdot s = s \cdot m(t2) \cdot v(t2) => \frac{s}{t} \cdot m(t2) \cdot v(t2) = w$$

vergleiche $E = m \cdot c^2$

$v(t2)$= Geschwindigkeit der
　　　Reaktionselemente

(nicht immer Lichtgeschwindigkeit $c(t2)$),

t= Zeit der Verschmelzung,

F= Kraft

s　=　Abstand,　bezüglich　dem
　　　Reaktionsort,

w = Arbeit

$v(t2) \cdot p = Eg$　　　$c(t2) \cdot p = Eg$

Bei mehreren Fusions- Elementen in einer Quelle gilt die Summe, in Bezug auf die Zeit und Temperaturmessung.

$$Eg = Quelle \sum c(t2) \cdot p \quad n[Nm]$$

Eg= Energie austretend

(Absorption und Reflektionen vernachlässigt)

p= Impuls einer einzelnen Fusion,

n= Anzahl

Betrachtet man verschiedene Muster von verschiedenen elektromagnetischen Spektren die bereits gesammelt wurden, so erscheint es offensichtlich, dass wir den selben Effekt aus verschiedenen Perspektiven betrachten. Das <u>Bindeglied zwischen der Quanten- und Wellentheorie ist der Impuls</u>.

Das Huygens-Prinzip, das jeden Punkt einer Wellenfront als Ausgangspunkt einer neuen Welle definiert, kann durch Austausch des Wortes "Welle" auf den "Impuls" übertragen werden. Jeder ankommende Impuls wird Neue erzeugen, wenn er auf ein Element bzw. eine Raumänderung trifft.

Viele dieser Einzelquellen bilden die Ausbreitungs-   Energie/Verschiebung wiederum als Impuls-Erzeuger.

Für alle diese Impulstransfers ist ein gewisser Querschnitt notwendig. Im Modell zur Impuls Übertragung konnte die Plancksche Konstante als notwendiger Querschnitt für die Impuls Übertragung interpretiert werden, der vom Elektronen Querschnitt abgeleitet ist. Diese Sichtweise würde das

Plancksche Verständiss eines quantisierten/unterbrochenen Flusses erklären. Die Boltzmann-Konstante wäre vom Atom-Querschnitt abgeleitet. Daneben kann die Mischung von Dichteänderungen je nach Material in Bewegungsrichtung in homogene Modi aufgeteilt und sich kompensieren. Dipole, z.B. Tenside, können eine solche Gitterstruktur erzeugen, und bilden damit eine Art Polarisationsfilter. Der Impuls wird entlang dieser Strukturen übertragen.

Das richtige Materialgemisch und die Strömung um und durch ein Konglomerat von Materie produziert eine größere Kompression als eine Abstoßung der Materie. In einfacheren Worten – eine Strömung vorbei an unstrukturierter Materie produziert "Reibung" und eine Geschwindigkeitsreduktion. Dies führt zu einem Konglomerat (vgl. Abbildung 3).

Diese Erklärung ersetzt die Vorstellung von der klassischen Anziehungskraft zwischen Materie.

2.1 Die Durchdringung von Materialstrukturen

Die aus dem Experiment mit einem Spalt bekannte Brechung kann auf die innere radiale Spitze des Atom Kerns übertragen werden und zeigt die typischen „Kugeln" als Schwingungswahrscheinlichkeiten. Die Wahrscheinlichkeit für die Ablenkung kann sich bei den Darstellungen eines elliptischen Rotationskerns unter-scheiden. Die Amplitude und die Richtung der Schwingungen hängen von der Material Komplexität/-Struktur und der entsprechenden Schichttiefe ab. Darüber hinaus sind die üblichen Umgebungsbedingungen wie z.B. Temperatur und Strömungsfeld zu beachten. Mehr Kollisionen bilden Bereiche mit höheren Temperaturen und eine höhere Wahrscheinlichkeit für reduzierte Verschiebung/Ausbreitung (Vergleiche Richtung zu Brown ' sche Bewegung).

Die Gitter/Kristallstruktur ist, je nach Temperatur, in Bewegung. Jeder Rand der Gitter/Kristallstruktur erzeugt Kollisionen mit passierten Elementen, z. B. Photonen, und erzeugt die typischen Spalt Muster. Mit dieser Betrachtung kann das "Paradoxon" nach dem dritten Gesetz der Thermodynamik erklärt werden. Er sagt aus, dass der <u>absolute Nullpunkt</u> der Temperatur nicht erreicht werden kann.

Am Nullpunkt Kelvin sollte alle Materie ruhen und die Entropie wäre Null für kristalline Objekte, aber nach dem dritten Hauptsatz würden wir eine Materie Bewegung am Nullpunkt registrieren (bisher wurde die Temperatur Null nicht erreicht). In einem Strömungsfeld gibt es eine Bewegung, die primär nicht im Bezug zur Temperatur steht. Eine Temperaturänderung ist eine Folge der am Betrachtungsort herrschenden Bewegung.

Heisenbergs Ergebnisse lassen sich in einen möglichen Schwingungsbereich und verteilte „Ladungen" transformieren, die zu einer Lawine in den Gitter/Kristall-Materialstrukturen führen könnten. Letztendlich ist die Impulsbeschreibung ein dynamischer Vorgang, wobei die Lokalisierung des momentan überschrittenen Ortes immer von der zeitlichen Auflösung abhängig ist. Zur Bestimmung in Ausbreitungsrichtung (z) ist idealerweise die Ausbreitung quer dazu (x,y) Null. Somit ist bei einer Geschwindigkeitsbestimmung in

Ausbreitungsrichtung (z) die räumliche Ausbreitung (x,y) Null und andersherum. Zu beachten ist neben der zeitlichen Auflösung in der räumlichen Ausbreitung (x,y,z) auch der Sonderfall einer Bewegung auf der Stelle- einer Rotation (siehe Abbildung 1).

Abbildung 1 Eine inhomogene Kreiselform etwa aus einer Materialkette gebildet

Der Querschnittbereich, der mit einer näherungsweise „Elektronenkugel" vergleichbar ist, der für eine Kollision notwendig ist, steht im Einklang wie zuvor erwähnt, mit dem Planckschen Wirkungsquantum. Das Proton nähert sich mehr der Form eines Kreisel. Im Falle des inhomogenen Kreisels (Abbildung 1) sind, auf einer Ebene betrachtet, zwei nicht direkt verbundene Materiepunkte auch verschränkt. Eine rotierender Kreisel kann seine Hauptdrehrichtung durch einen ankommenden Aufprall/Impuls ändern. Dabei zeigt die Betrachtung der Oberseite/Spitze den größten Ausschlag.

Zwei Kreisel können wegen ihres Spins kaum verbunden werden. Protonen kann man sich mit einer solchen Spin vorstellen. Mit einem sehr großen Impuls können diese spinnenden Protonen miteinander kollidieren und damit ein neues Element mit sehr unterschiedlichen chemischen Eigenschaften bilden.

Denkbar ist z.B. ein 180 Grad gedrehte Annäherung welche eine Verringerung des Drehmomentums erzeugt bevor der Kernabstand sich reduziert.

Das Komprimieren von Materialien führt zu den verteilten Veränderungen im "Rest" oder verschränkter Positionen. Es entstehen durch das Anhalten der Bewegung (Spin) z.B. Kollisionen, Licht, und zusätzlich zum erkennbaren "weißen" Rauschen Wärme.

Mittels der Weiterentwicklung des Gedankens einer Ausbreitung durch eine Verschiebung lässt sich „Wärme" durch die Bewegung von mindestens zwei Elementen übertragen. Zwei Elemente in Bewegung, im Zustand der Reibung, Kompression oder Kollision können, bis sie sich aufteilen, als ein Element, dass die Gesamtgröße variiert, angesehen werden. Die Ausbreitungsimpulssequenz kann als Welle erkannt werden, die in der Wellenlänge variiert. Zeitlich und örtlich verschobene Impulse können eine periodische Schwingung im Raum/Material dazwischen erzeugen. Temperatur erhöhte Elemente haben eine größere Schwingungsamplitude. Absorbierendes Material erwärmt sich, wie wir es z.B. im inneren eines Steinplaneten wie die Erde messen. Für diese Elemente ist die Bindungskraft kleiner als bei Elementen mit geringer Amplitude/Oszillation. Der "längere" strukturierte Leitungspfad erhöht die Wahrscheinlichkeit für eine Diffusion. Einzelne Material Elemente (z. B. Gas) und amorphe Schichten (z. B. Glas) transportieren die Bewegung weniger als in eine Gitterstruktur integrierte Elemente. Dichtere Gitterstrukturen (z. B. Metall) geben mehr materielle Elemente über direkte Kollisionen an ihre Umwelt ab. Dies führt zu einem besseren Kühleffekt. Gestoppte Spins fungieren als Impulsquellen von Teilkernbausteinen bzw. Strahlung und starten damit eine erneute Ausbreitung und Kollisionen. Weniger Impulsbeaufschlagung und Kühlung stabilisiert die Materie Form.

2.2 Gitterstruktur und Dichteänderungen

Die Raumausdehnung des Materials hängt vom Material selbst und der Temperatur ab.

<u>Schneekristalle</u> sind in der Regel nicht geschlossene Oberflächen. Mit einem Kondensationskern zwischen zwei Dipolen bildet sich eine Zylinderform, die ihre Hauptrichtung in Richtung zum strömenden Feld ausrichten wird. Andere Dipole verbinden sich im maximalen Abstand zum gegenüberliegenden "geladenen" Dipol (in Strömungsrichtung oder orthogonal dazu). Der Winkel wird weniger als 90 Grad betragen. Die herrschende Strömung wird durch Objekte bzw. Materie in der Nähe

verändert. Aus diesen Bedingungen entstehen Formen. Ein Halbmond/ <u>Mondsichel</u> als Schnittmenge zweier Planetenoberflächen bilden näherungsweise abgerundete dreieckähnliche Elemente. Ein „Kanal" zwischen zwei Planeten bildet die Ähnlichkeit zu der von Euler beschrieben Funktion aus. Auch ist die bewegte Materie, die aus sich im Strom befindlichen Wasserelementen resultiert entsprechend gekrümmt bzw. kann die Form als Erosionsform angesehen werden. Ein Reflektion an diesen gekrümmten „Spiegelelementen" bildet den gut erkennbaren sechs eckigen Kristall. Aus sich schneidenden Austrittslinien die ihre Quelle verlassen (siehe Abbildung 1) entstehen schärfere Strukturen etc.

Wir registrieren mehr als eine <u>Richtung des Strömungsfeldes</u>. Mehrere

Hauptrichtungen werden auf oder neben der Erde beobachtet. Fünf lassen sich gut z.B. aus Schneekristallen erkennen. Auch in traditionellen Symbolen wie z.B. das zum Lateinischen Kreuz schräg erweiterte Kreuzsymbol des Byzantinischen bzw. Russischen Kreuzes, könnte dies in einer weiteren Auslegung den Strömungsrichtungen, zur bekannten Höllen- und Himmelssymbolik zugeordnet werden.

So genannte Gravitationswellen sind, entsprechend der oben erklärten Theorie, Raumdichte Änderungen, die durch die Kettenreaktion der primär Verschiebung und des Impulses verursacht werden. Die Veränderung ergibt sich aus „weiten" Kollisionen die ein sich ausbreitender Impuls verursacht. Die Trennung zwischen „weiten" Kollisionen und „engen" Kollisionen ist für die weiten Kollisionen eine Überbrückung eines Raumes außerhalb der Kernbindungskräfte und für die zweite Form ein direkter Kontakt der Kollisionspartner.

Eine längs- Vorwärtsbewegung (longitudinal) einer länglichen Materiestruktur, die eine Drehung erhält, kann in einer zweidimensionalen Projektion als Sinus-Kosinus-Form erkannt werden. Mit anderen Worten ist die zuvor beschriebene bekannte periodische Schwingung eine Längsbewegung/ Ausbreitung einer Kreisbewegung einem Oberflächenpunkt folgend.

Die sich ausbreitende Wellenbewegung, die durch eine äußere Verdichtungskraft/-Impulse eingeleitet wird, wird sich, je nach dem einzelnen Ausbreitungskanal, z.B. im Material, verbreiten. Andere Verschiebungen verbreiten sich besser um Material herum. Es ist anzunehmen, dass die definierten Gravitationswellen einer niederfrequenten Welle ähneln, sich durch weite Kollisionen ausbreiten, auch reflektiert werden und gegebenenfalls Strukturen bei geeigneter geometrischer Konstellation zu höherfrequenten bzw. hörbaren Schwingungen anregen können.

Monde können in ihrer Umlaufbahn beeinflusst werden. Die Änderung der Ekliptik wird als direkte Wirkung der Reflexionen z.B. aus der Oberflächenstruktur des zentralen Planeten betrachtet. Reflexionen in der vom menschlichen Sinne wahr-genommen Form der Lichtreflexionen scheinen ihre Höchstgeschwindigkeit im Vakuum zu erreichen, aber kleinere komplexe Verschiebungen könnten theoretisch zu <u>schnelleren Ausbreitungen</u> führen. Dabei ist eine Anfangsbeschleunigung und eine ungestörtere Ausbreitung denkbar. Unter Berücksichtigung dieser Betrachtung können zwei Punkte im Raum, je nach Material/Struktur dazwischen, eine andere Verbindungen im Sinne der Ausbreitungsgeschwindigkeit erlangen. Dies würde der Theorie über so genannte <u>Wurmlöcher</u> folgen. Die Ausbreitungsgeschwindigkeit wird durch den Pfad und den Transferraum/die Materie beeinflusst (z.b. Röhren, Ringe einer anderen Dichte).

Der sich ausbreitende Impuls erzeugt Quanteneffekte (zwei überlagernde Zustände eines Atoms). Der Raum wird durch eine in Ausbreitungsrichtung als Gauß-Verteilung vorstellbare Ausbreitung beeinflusst, (in einer ersten Annäherung- besser eine "ein Kegel mit aufgesetzter Kugel", (vergleiche Abbildung 2)". Geringere Verschiebungen können mittig/längs der Ausbreitungslinie oder parallel zur Mitte der Hauptausbreitungsrichtung gemessen werden, die Beeinflussung kann als Verschränkung bezeichnet werden. Die Verschränkung sollte in Relation zur Materialverteilung und Entfernung stehen. Der Ausbreitungspfad hängt neben dem Ausbreitungsmedium von der Umgebung ab, von querenden Strömen und erweitert sich möglicherweise. Mit anderen Worten, der 3D-Pfad variiert und dies dauert mehr oder weniger Zeit in der gewählten Zeit Einteilung (Gleichung 1). Bell's Ansicht [5] der "fernen" Verschränkung oder nicht lokale Merkmale können mit dem gemeinsamen Strömungsfeld auch im entfernteren Raum (entfernt ist ein Einfluss, der von der Quelle weiter als der Wirkungsort entfernt ist, der in Lichtgeschwindigkeit erreichbar wäre, zu verstehen) erklärt werden.

Einsteins Raumkrümmung kann in direkte Beziehung zur Verteilung der Strömungsdichte gebracht werden, Kollisionen in der dichteren Sequenz und die Stärke des strömenden Feldes nimmt zu oder wird reduziert. Die dichtere Sequenz kann in 2D, z.B. mit geschlossenen Ringen im Raum, Stäben / Saiten oder Kugeln in einem dreidimensionalen Raum angenommen werden. Als Beispiel repräsentiert der Ring die dichtere oder komprimierte Materie. Wenn die Ringe nahe beieinander liegen und verbunden sind, springt die Verschiebung oder der Impuls von Ring zu Ring. Mit der richtigen Impulsstärke ist dieser Sprung schneller als das Bewegen aller einzelnen Materialelemente zwischen den dichter verbundenen Materialien ohne den eingefügten Ring. An anderer Literaturstelle werden die verteilten Verdichtungen gelegentlich in Verbindung mit dem multidimensionalen Raum gebracht. Hier nennen wir es Dichteänderungen. Jede bereits vorhandene Materialformation erzeugt eine Dichteänderung in der umgebenden Strömung.

Die Dichteänderung durch die Materialformation lässt sich aufgrund ihres Entstehungsprozess kategorisieren. Bekannt sind verschiedene Dichte-Stufen die sich z.B. mit Namen wie Gasplaneten, Planeten, weiße Zwerge, Neutronensterne und schwarze Löcher bezeichnet werden. Wobei in dieser Aufzählung die Neutronensterne als die dichteste Materieverteilung angesehen wird.

2.3 Raum Zeit, Dichte Verschiebung und Kraft

Die Zeit wird als eine künstliche gewählte, aber prinzipiell beliebige Einteilung gesehen. Die Impuls Verteilung und die dafür benötigte Zeit, wird als abhängig vom Weg der von den Elementen/Materie genommen wird, angesehen. Erkannte Zeitunterschiede durch Messung der Zeit in bewegten Systemen werden mit den Unterschieden in den Bereichen Umgebung/Strömung, der Impulsübertragung und dem Austausch mit den Messgeräten erklärt. Es handelt sich nicht um einen veränderten Vorgang eines Zeit Ablaufes oder einer Veränderung eines leeren Raumes.

Eine einfache hyperbolische Beschreibung für die <u>Dichteverschiebung und Kollisionsverzögerungen</u> an einem Punkt in der Zeit oder dem numerische Index kann die Folgende sein:

$$Z_) = (x+ds)^2 + (y+ds)^2 - (Z_)'*M^{-1})$$
(Gleichung 1)

$Z_)$ = Dichteverschiebung und Kollisionsverzögerungen

X = Ausbreitung in X Achsenrichtung

Y = Ausbreitung in y Achsenrichtung

$Z_)'$ = Die Änderung von $Z_)$ in Ausbreitungsrichtung

ds = Kollisionsweglänge orthogonal zur Ausbreitungsrichtung

M^{-1}= Materialzonenelement

Die Dichteverschiebung erzeugt neben der Dichteänderungen in dem direkten Ausbreitungspfad auch Veränderungen in der Umgebung. Dies erzeugt Reflexionen. Aufgrund der Reflexion wird die Dichteverschiebung geringer und die Ausbreitung wird reduziert. Die ankommende Verschiebung ist abhängig von der Akzeptanz in einem Verhältnis zwischen Absorption, Übertragung und Reflexion.

Dieser Logik folgend, kann der Strom nur dann eine <u>Kraft</u> entwickeln, wenn der Raum mit Teilchen gefüllt ist. Für eine erste einfache effektive Kraft Einschätzung kann eine Ableitung mittels der in der Luftfahrt üblichen Auftriebsberechnung durchgeführt werden. Die Kraft der Materie würde einer Viskosität des gefüllten Raumes folgen, multipliziert mit der Geschwindigkeit der Materie im Quadrat und multipliziert mit dem effektiven/beeinflussten Bereich. Dieser Bereich befindet sich vornehmlich an der Oberfläche, kann aber auch in tieferen Strukturen beeinflusst sein.

Es wird definiert:

$$F = p \cdot v^2 \cdot A \left[\frac{kg \cdot m}{s^2} \right]$$

p= Als Dichte,

v= Geschwindigkeit der individuellen Materie,

A= Die betroffene Oberfläche.

Die Oberfläche kann sich erhöhen, wenn eine Eindringtiefe berücksichtigt wird. Die Verschiebung liefert den Impuls, der in Relation zur Kraft steht.

Die rückwirkenden Kräfte (FG) würden, ohne andere umgebende Massen, im Falle der nicht sich direkt anschließenden Massen, mithilfe der unterstützenden Schirmwirkung bzw. <u>Strömungsveränderung</u>, die Abstände zwischen den Massen schließen (siehe Abbildung 2). Die Komponenten der Kräfte, die gegenseitig aufheben, dämpfen oder absorbieren, vergrößern nicht den Abstand dazwischen. Andere komprimierend wirkende Kraftkomponenten deplatzieren bzw. verbinden atomare Strukturen, asymptotische Strömungskomponenten bilden die ersten annähernden bzw. verbindenden Kräfte (es wirkt die <u>Streuungslinearisierung</u> als Modell der sich ordnenden verbindenden Elemente). Temperaturänderungen können die Bildung des Konglomerat stark unterstützen.

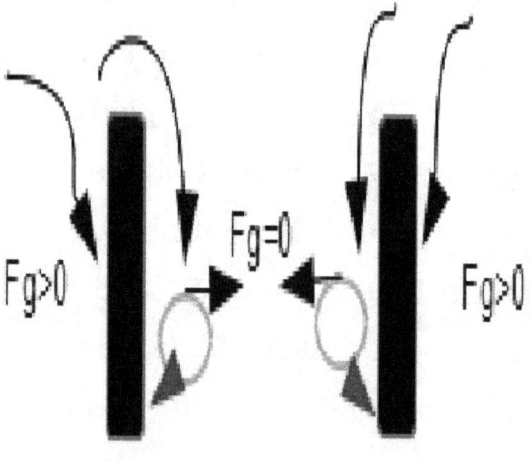

Abbildung 2 Massenkomprimierung

2.4 Die schwache und starke Kraft

Seit vielen Jahren wird „The Grand Unified Theory" diskutiert. Die Einordnung der verschiedenen Größenordnungen der Kräfte, als schwache, starke Kernkräfte und der elektromagnetischen Kraft, gelingt mit dieser Betrachtung zur Materie Formation.

Materieformen im Strömungsfeld und die notwendige Kraft dazu entwickelt sich wie bereits erläuert aus der erklärten Sonne/Sterne-Aktivität.

Diese schwächeren Kräfte können auf den ersten Blick nicht mit den starken Kräften verglichen werden, die in einigen Kernreaktionsprozessen sichtbar werden, dennoch ist der Mechanismus der Selbe.

Betrachtet man die Reaktion von starken Kernreaktionen, muss die Kraft oder spezifischer, das Materie Element beschleunigt werden, bevor die starke Reaktion stattfindet. Für einen mittlere zusätzliche Kraftwirkung genügt bereits ein aus dem Gleichgewicht gebrachter ineinander <u>geschachtelter Mehrfachkreisel</u>.

Auch die elektromagnetischen Kräfte können als unmittelbare Impulsweitergaben als mittlere Kraftwirkung eingeordnet werden.

Die Differenzierung, von der Reaktion einzelner Materie Elemente als Kreisel oder Überbrückungsstrukturen, die für den Impuls Transfer dienen, ist eine stärkere ungebundene Vorbeschleunigung bzw. Zirkulation.

Dies Vorbeschleunigung wird zusätzlich zur Rotationen um ihre eigene Achse, wie z.B. Kreisel dies erfahren zugefügt. Im Fall des Kreisel ist die Rotation mehr oder weniger an die gleiche Position gebunden. Die Kreisel drehen und können durch einen entsprechenden Impuls den Winkel der Rotationsachse ändern, behalten aber die gleiche Position in Bezug auf die Materie.

Mittels der Vorbeschleunigung nimmt das rotierende Element eine ungebundene Flugbahn aus der vorherigen Position ein. Dies ist die Voraussetzung für die kräftige Reaktion. Die Rotationsgeschwindigkeit lediglich um die eigene Achse eines Materie Elements, verleiht durch reduzierte Materialoberfläche (im Vergleich zu einer Material Kette) eine schwächere Beschleunigung (vgl. Formel 1). Der Temperatureinfluss und viele einzelne Impulsverschiebungen oder Hebel/Pendel- Effekte an einer Materialkette/Materialröhren bilden die Grundlage für die starken "freigesetzten Rotationen" ("freigesetzten„ bedeutet, wie bereits erwähnt, ein Material, das nicht mit einer Materie-Position verbunden ist). Hebeleffekte sind sowohl mit einseitig fixierten, gleichmäßig oder ungleichmäßig verteilten Materialhebeln, als auch mit röhrenförmigen, evtl. einseitig erhitzten, drehenden Materialverteilungen naheliegend.

Die Flugbahn der vorbeschleunigten "freigegeben" Materie löst andere Rotationskörper aus ihrer Materieposition und führt im entsprechenden Fall zu einer Kettenreaktion. In diesem Fall ist es möglich, die starke Kraft (Energie) zu nutzen.

Kapitel Zusammenfassung:

Der Text erklärt, dass der sich ausbreitende Impuls, basierend auf einer Verschiebungen, das Bindeglied zwischen der Quantentheorie und der Wellentheorie darstellt. Alle Raumelemente im Strömungsfeld, in der Umgebung der Impuls basierten Verschiebung, werden beeinflusst ("bewegt"). Bekannte wellenartige Erweiterungen können initiiert werden und beobachtet werden, z.B. in Aufnahmen von Interferenzmustern am Spalt. Die Verschränkung, die aus der Quantentheorie bekannt ist, versteht sich in Relation zur materiellen Verschiebung in oder entlang des Impuls- ausbreitungspfades und des Strömungsfeldes. Der Ausbreitungsweg und dessen Weite hängen von der Quelle der Materialverschiebung, dem Ausbreitungsmedium, der Verschränkung, den Kollisionen und der Umgebung ab. Einsteins Raumkrümmung kann in direkte Beziehung zur Strömungsdichte gesetzt werden. Der Ausbreitungspfad mit seiner Impuls Charakteristik ist für die Geschwindigkeitsdifferenz der Ausbreitung verantwortlich. Ein passierender ursprünglich gerader Strahl wird durch die genannten Eigenschaften gekrümmt. Das Strömungsfeld beantwortet Einsteins Frage nach der Quelle der nicht lokalen Eigenschaften. Die starken und schwachen Kräfte zwischen Materie können mit dem selben Strömungs-Feld-Effekt erklärt werden. Im ersten Fall werden einzelne Materie Elemente davon beeinflusst, im zweiten

Fall rotierende freigesetzte Materie/ Ketten/Röhren/Hebel/Pendel die möglicherweise wiederum eine Kettenreaktion auslösen können.

3 Strömungsfeld- Raum und Abstossung

Dieses Kapitel gibt eine Erklärung der Gesamtvorkommen, die Gravitation genannt worden war und es wird die neue Sicht der Materie Bildung als meist nicht-symmetrische Theorie erläutert. Es wird eine inverse Perspektive eingeführt, in der Materie die Kraft nicht erzeugt oder den Raum/die Zeit biegt, sondern ein "störendes" Element in einer Strömungsfeld-Umgebung ist. „Die Störung" verändert die Strömung und damit die Formation und Anordnung der Materie.

Nach Kapitel 2 bilden eine Summe von Fusionen, Verschiebung und

Erweiterungen im Raum die Quelle für die Kraft. Viele dieser grundlegenden Einzelquellen können als "Fusionsgenerator" gesehen werden und bilden die sich ausbreitende Verschiebung als Impuls-Quelle. Jeder Energiewechsel, wie z. B. eine Elektronenlawine, erzeugt eine Verschiebung. Diese Verschiebung hängt von der Ausgangsquelle ab und ist im Einklang mit der Raumausbreitung in und außerhalb von Materie. In Anbetracht Reflexionen (Abstoßung) aller astronomischen Änderungen, bildet ein Strömungsfeld oder -Raum. Das Strömungsfeld ist inhomogen und kann viele Richtungen haben (Vergl. [3])- von größeren homogenisierten Richtung der Strömung zum Gegenteil, aufgrund von lokalen Wirbeln. Die anfängliche

Geschwindigkeit der Impuls- Auslöser gilt als konstant, solange Sie "ungestört" ist.

3.1 Das Strömungsfeld- Raum, Emitter, Zusammensetzung

Unter der Annahme, dass das Strömungsfeld hauptsächlich durch emittierende Objekte erzeugt wird, z. B. die verschiedenen Sterne/Sonnen, "Pulsare" (meist teils offene Strukturen/oder teils von anderen Objekten verdeckt, rotierende emittierende Objekte, auch als emittierende schwarze Löcher, kann die Umweltveränderung mit weiten Kollisionen durch einen sich ausbreitenden Impuls im elektro-magnetischer Spektrum, verursacht werden. Weite Kollisionen überbrücken einen Raum außerhalb der Kern Bindungskräfte. Kollisionen, die in der Lage sind, eine Hülle zu bewegen, transportieren einen Impuls schneller. Der innere Bezirk der geschlossenen Sphäre würde einen nicht übereinstimmenden Widerstand bieten. Bei Emittern aus dem elektromagnetischen Spektrum kann davon ausgegangen werden, dass es sich um entladende Plasmaströme handelt. Einzelne Bezirke „laden" sich durch ihre Bewegung „elektrostatisch" auf und entladen sich zu einem Zeitpunkt. Zentrische oder dezentrale und asymmetrische Rotationen können die Verschiebung durch unregelmäßige Öffnungen in den äußeren Strukturen ausstrahlen.

3.2 Dunkle Energie, Turbulenzen, Licht und elektromagnetische Effekte

Fusionen erzeugen eine Verschiebung in Richtung der Reaktion, Strahlung und Elemente (z. B. Neutronen, ungleich verteiltes/ „geladenes" Material) sind entsprechend entgegengesetzt gerichtet. Diese Verschiebungen (könnten in Teilen "dunkle Energie" genannt werden) können bei einer wiederholenden Frequenz, die durch einen Ausgleich/ Resonanzen verursacht werden, den Eindruck von hin-und her-fliesenden Strömen erzeugen (möglicherweise wegen unsymmetrischen Rotationskernen). Die Materie wird für einige Zeit geschoben und nach dem Anhalten des Strahls oder des

Stromes rückwärts, teils durch Reflexionen und andere kreuzende Ströme, verteilt. Größere Austrittsöffnungen in Kombination mit einer Rotation erzeugen weitere Ungleichverteilungen („Beams"). So genannte "Schlieren" sind Orte größerer Turbulenzen und in Kombination mit der Rück- Bewegung erscheint der Eindruck von "Schlieren" auf einigen astronomischen Bildern. In dieser Turbulenz werden verschiedene (innere) Ansichten dieser Materialstrukturen („flockenartige" -Stücke von Elektronen, Material) oder ihre transiente Aktivität sichtbar. Ähnlich dem vorbeifließenden weißen Wasser nach einer von oben nicht sichtbaren Kante unter Wasser.

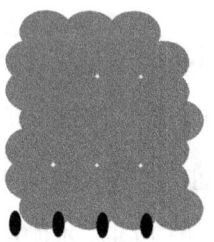

Abbildung 2 ' Eine Materialstruktur mit einer freigesetzten Isolierschicht mit "Elektronen"

Licht wird in Relation zu einer "Entladung" gesetzt und fließt entsprechend der strömenden Richtung oder einem reflektierten Impuls. Es wird meistens durch eine Verschiebung erzeugt, die die Materialstruktur in Verbindung mit Elektronen erreicht, oder die Struktur selbst erhält eine abrupte Änderung in der Ausbreitungsrichtung. Es scheint, dass die rotierenden Elektronen ihre stabile Lageposition verlieren und dadurch eine unkontrollierte, expandierende Lawine erzeugen. Die "Länge" der "Entladung" steht im Einklang mit der produzierten Wellenlänge. Jede umgebende Materie und Ausdehnungsmöglichkeiten beeinflussen die Farbempfindung im menschlichen Auges. Einige äußere Einflüsse wie z.B. eine Kollision, die durch eine Verschiebung erzeugt wird, lösen beim Überschreiten eines gewissen Grenzwertes eine Entladung aus.

Diese "Entladung" führt zu sogenannten Photonen (Lawinen-Entladung) auf/in einem Träger, diese können durch ihre neue Entstehung als zunächst ohne Masse beschrieben werden. Es ist überzeugender sich, einzelne isolierende

Schichten mit gleichmäßig verteilten rotierenden (vergleiche „geladenen") Teilchen vorzustellen. Impulse können eine solche Schicht aufheben und ablösen (vgl. Abbildung 2 '). Die schwach verbundenen "Elektronen" /Partikel/Kreisel strömen auf eine gekrümmte Fläche ähnlich einer "Lawine". Das Strömen oder das Bersten dieser Kreisel wird durch einen Impuls Prozess oder indirekt durch eine mechanische Konvergenz verursacht. Die drehenden "Kreisel" sind in ihrer Bewegung stark gestört. Die Temperatur erhöht sich. Die unterschiedliche Verschiebungen (Wellenlängen), die unsere Augen als Licht registrieren, können sich aufgrund der "Streuungslinearisierung" wieder ausgleichen.

Eine Verschiebung in einer größeren/dickeren geordneten Struktur mit Kreisel kann mehr gedämpft werden als in peripheren Bereichen mit deren größeren Freiheitsgraden für die Kreisel. Wenn das anfängliche Wanken des Kreisels größer ist, ist die resultierende Wellenlänge oder Wanken weiter, vor allem im peripheren Bereich (oder im dünneren Bereich, siehe optisches Prisma). Diese dynamischen Strukturen können mit "Tunnel" verglichen werden. Ein sich ausbreitender Impuls durch den dynamischen "Tunnel" erhält mehr Reflexionen an den "Wänden", wenn diese nicht in einer Linie bzw. linearisiert sind.

Der Widerstand sinkt, wenn die betroffenen Elemente geordnet ausgerichtet sind.

"Streuungslinearisierung, als ein grundlegendes Prinzip, ist, zusätzlich zum Thema Licht, auch auf die Kombination von Wasserstoff und Sauerstoff anwendbar. Wasserstoff ist vorstellbar als abgeflachte Röhre, die in das Sauerstoff-Element ein-geschwemmt oder mit dem verbunden sind und der Komplex insgesamt bildet unter bestimmten Bedingungen verschränkte Formationen mit anderen Molekülen.

Andere Geometrien für oszillierende Strukturen oder Resonanzen sind denkbar (siehe Abb. 2 ' ').

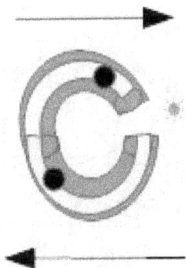

Abbildung 2" Geometrie einer oszillierenden Struktur für ungebundene Material Elemente, einschließlich einer Lücke in einem richtungsgeteilten äußeren Strömungfeld

Wenn wir Materieelemente als ungebundene, verschiedene, in verschiedenen Größen und Ebenen betrachten, beweglich, rollend, drehende kleinere Elemente, erhalten wir eine dynamische Struktur. Wenn diese Strukturen von einer Verschiebung oder Impuls getroffen werden, erhalten wir eine Transfer-Struktur, die die

Verschiebung weiterleitet. Eine solche Transferstruktur, die von einem Punkt aus angeregt wird, wird einen starke Wechselwirkung in dieser ungebundenen Kette hervorbringen. Nennen wir die ungebundenen oder rollenden kleineren Materieelemente Elektronen, kommen wir in der elektromagnetischen bekannten Welt an und werden einen „Übergang" zur Gesamtsystematik finden, den Einstein anstrebte.

3.3 Austretende Mikro-und Makrostrukturen

Das feinste Material im Weltraum, fraktionierte "Asche" wird durch die extrem hohen Verbrennungs-temperaturreaktionen erzeugt, die z. B. durch eine innere Entladung in einer Sonne, ausgestoßen werden. Zum Beispiel können "Wolken" von Wasserstofffragmenten als Komponenten die sogenannte dunkle Materie bilden. Im stetigen Strom werden diese sich anordnen. Freie Elektronen ohne Entladung erscheinen als (dunkle) Materie. Stabilere transparente Materie kann durch gefrorenes Wasser entstehen, das von Planeten, die ihre Atmosphäre verlieren, abgetragen wurde. Eisfelder könnten die Form einer Kombination aus einer konvexen „Linse" in einer Ebene haben und z. B. dadurch eine runde Reflexion/Spiegel mit einem deutlichen Kreis um einen inneren vagen Bezirk erzeugen. Analog sind die konkaven Eisformationen vorhanden. Diese Eisformation, erkennbar als reflektierender linsenartiger Abschluss, ist auch auf zylinderförmigen schwarzen Löchern erkennbar/vorstellbar.

Beispiele für beobachtbare Sphären ("Schwamm"-Eindruck [9]) sind bekannt.

3.4 Konglomerat und Extruder

Als Ergebnis bilden sich <u>Material Konglomerate</u> in den Senken, welche durch das umgebende Material wirksam sind. Betrachtet man das aus der Ferne, erhält man den "Schwamm"-Eindruck [9].

Die Kraft oder Abstoßung, wie z. B. die „elektrostatische"/ "magnetische" Kraft, thermische Effekte, ein stauchen durch Explosionen/Kollisionen und mechanische Faltung, entwickelt sich, gem. Kap. 2, aus jeder Raum Veränderung im Strömungsfeld, die als Laufzeit verändernder „Polarisations filter" wirksam ist. Der Raum beginnt direkt hinter der Quelle der Verdrängung/Verschiebung.

Eine teilweise steifere Oberfläche oder strukturierte Oberfläche mit "Rissen" (weniger steif), wie wir Sie z. B. auf der Sonne oder einer Glühwendel beobachten, erzeugen Effekte als gebogenes Gitter. Die transversale Projektion/Interferenz eines gebogenen Rasters in verschiedenen Dimensionen liefert einen Brechungsspalt, der das Material aufsummieren kann. Viele unterschiedliche Formen können, z. B. einen Kegel mit Erweiterungen als Strings (verkettet als hier benannte Super Strings), erzeugt werden, die heutige vorhandene atomare Konfiguration gebildet haben.

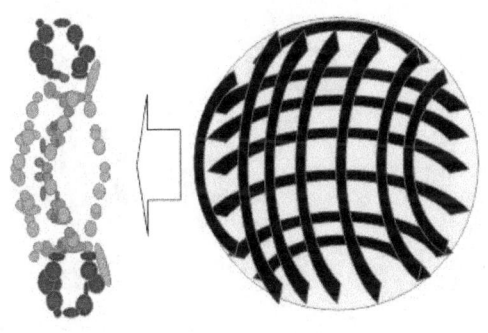

Abbildung 3 Materieformbildung

Abbildung 3 zeigt ein Beispiel als Ausschnitt einer Material Bildung durch den Austritt aus einer Oberflächenstruktur- das "<u>extrudierte</u>" Material ist in der Darstellung um 90 ° für eine bessere Visualisierung gedreht.

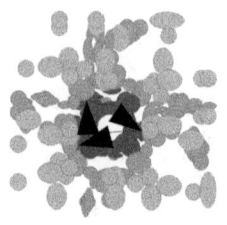

Abbildung 4 Teilansicht von Abbildung 3

Abbildung 4 zeigt z.B. einen Abschnitt von Abbildung 3 der erzeugten Materiedarstellung von der Austrittsoberfläche aus betrachtet. Die entstandenen Materialketten, bedingt durch die erzeugenden Spaltbegrenzungen und dem ersten Einfluss der Streuungslinearisierung eröffnet gleichzeitig Räume in der Struktur. Diese Materialanhäufungen zwischen den vorhanden Räume oder eingeschlossene Materie lassen sich als Quarks benennen/ interpretieren.

Durch das durchqueren einer Oberflächenstruktur kann die „Ladungstrennung" z. B. durch Reibung entstehen. Aufgrund der experimentellen Erfahrungswerte in der Vergangenheit muss der Abstand zwischen dem Kern und den umgebenden Elektronen größer sein als in der Abbildung 3 dargestellt. Es wird davon ausgegangen, dass die "Schlitzstruktur" im Bezug zum „Austrittskreuz", dass den Kern entstehen ließe. Des weiteren kann von variierenden Kantenhöhen aus-gegangen werden. Auf der anderen Seite würde eine gewickelte Struktur (siehe auch Abbildung 1) die Abstände deutlich reduzieren. Es kann davon ausgegangen werden, dass es viel mehr Elektronen gibt als Kernelemente, die in den neutralen Strukturen eingebettet sind und auch freigelegt werden können.

Die verfügbare Materie im Raum und die „Austrittslücken" ermöglichen die Bildung von vielen verschiedenen geformten Materialansammlungen (vergleiche Abbildung 6).

Das "extrudierte" Material, das einen Spalt durchquert, kann in Relation zu den sogenannten "Strings" gesetzt werden. Ohne eine Zustandsänderung in der Querrichtung zur Ausbreitungsrichtung oder eine einen Grenzwert überschreitende Änderung in der

Materialzuführung bilden sich lange entstehende Materialketten.

Materie, die sehr strukturiert und homogen ist, wird normalerweise in einer Sternexplosion, als komprimierter Kern produziert. Die expandierenden Verschiebungen bewegen sich meist im Zentrum in ähnlichen/den gleichen expandierenden Richtungen. Dies kann in Relation zu sogenannten "Supersymmetrie" gesetzt werden.

Starke Reaktionen aber auch biologische Strukturen produzieren, wie beschrieben z. B. als Staub und Wasserelemente, als Nebenprodukte, die Abdriften und Sedimente bilden.

All diese verdrängende Materie kann zusammen mit dem Einfluss von bereits gebildeten Konglomeraten neue Formationen entstehen lassen.

Verschiedene bereits verbundene Materialstrukturen im Raum verändern die Strömung in der Umgebung und lassen andere Formen der Anhäufung entstehen.

Die Nähe zu einer großen drehenden kugelsymmetrischen Masse z. B. ändert eine weitere Materieansammlung in Form eines drehenden Kreises z.B. in die bekannte Kegelform.

Das Strömungsfeld erzeugt die Drehung mittels der vorhandenen Masse Inhomogenitäten.

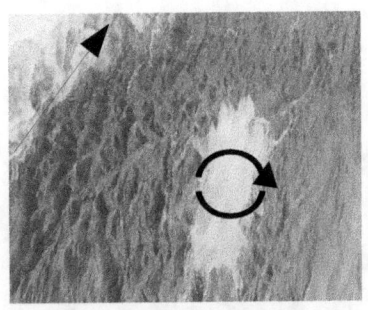

Abbildung 5 Senkenwirbel

Die Nähe zu einer "sammelnden" Masse die einen Abwärtsströmung in einem Strömungsfeld produziert entsteht eine Kegelform, eine elliptische Umlaufbahn, ein Kippen, pendeln, ein spiralförmiges drehendes „Rad" etc. (vgl. Abbildung 6).

Die Strömung um die "sammelnden" Massen kann Ungleichgewichte erhalten. Das "sammeln" basiert auf der Änderung der einzelnen Materialfluss Richtungsvektoren aufgrund der spezifischen Oberflächenstruktur der Masse.

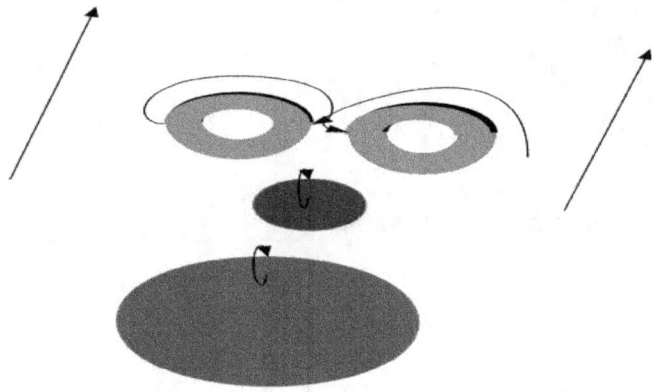

Abbildung 6

Eine Visualisierung zum Strömungsfeld wird analog zum strömenden Wasser in einem <u>Wasserfall</u> angenommen. Die Kraft spürt der Beobachter nicht solange er sich mit dem Wasser bewegt. Erst wenn er im Wasserfall steht, oder sich aufrichten möchte, spürt er die wirkende Kraft des fallenden Wassers.

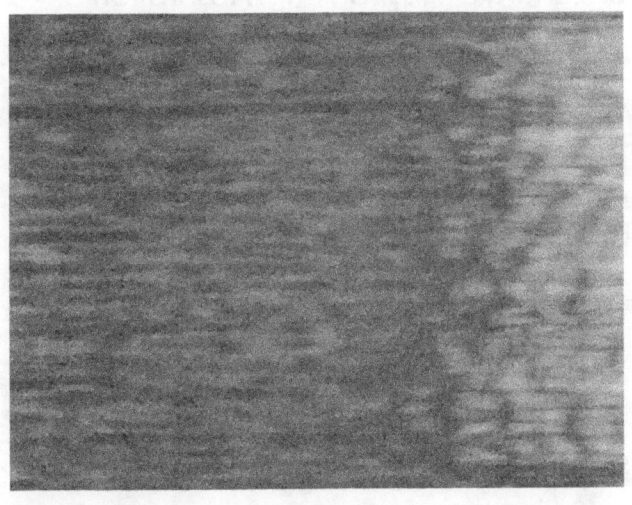

Abbildung 7 Strömendes Wasser im Wasserfall

3.5 Big Bang und rotierende Galaxien

Nach dem fundamentalen Prinzip bleibt die Energie im Gesamtsystem konstant. Zu einer Quelle gehört eine Senke, wie bei der „Energie"Abstrahlung/Absorption und der Fusion. In Anbetracht der Sichtweise verteilter Quellen und Senken, ist kein zu erwartendes großes Zusammenziehen („big drop") und keine unendliche Raumexpansion wie in der Big Bang Theorie beschrieben notwendig. In Wirklichkeit existiert eine ungestörte Lagrange- Umlaufbahnstabilität nicht und kann erklärt werden. Eine homogen durchströmte Umlaufbahn entspricht nicht der realen Situation.

Aufgrund der unterschiedlichen strömenden Quellen und Richtungen können die registrierten entgegengesetzten Rotationsrichtungen von Galaxien verstanden werden. Die von der Quelle erzeugte Verschiebung wird durch die transportierte Masse und Abstrahlung übernommen, um die Energie Äquivalents zu erfüllen. Je nach der initiierendem Verschiebungs-Eigenschaft Quelle bildet sich eine Verteilung oder Konglomerat der Material Formationen aus.

In Anbetracht dessen, dass das Strömungsfeld wegen der verteilten Quellen aus verschiedenen Richtungen kommt, zusammen mit der Bindungskraft und der erodierenden Wirkung an allen Rändern, ist die resultierende geometrische Formation die Kugel (abgesehen von unsymmetrischen Grundmaterial). Der wieder zusammengeführte verbundene Material Raum ist frei von ausdehnenden Kräften (Abb. 2), besonders wenn die geometrische Form der Materialien geeignet ist, zeitweilige Freiräume dazwischen zu schließen (zwei, drei usw. Kreise eignen sich wirklich, um die Lücke dazwischen zu schließen, kleinere Kreise können immer nur die Lücke ein wenig besser ausfüllen aber nicht schließen. Somit versteht sich der Charakter der Kreiszahl Pi als eine unendliche Zahl. Die äußeren Komponenten der Strömungskräfte bewegen sich in die entgegengesetzte Richtung und bilden einen Wirbel. Beidseitig umströmte äußere Bezirke komprimieren die Inneren Bezirke. Die Kompressionskraft ist geboren. Dies ist hauptsächlich verantwortlich für die Bildung von Material Konglomeraten (Vergleiche [2]). Die Material-anhäufungen stören den Fluss des Strömungsfeldes und zwingen anderes Material, die ursprüngliche Trajektorie/ Umlaufbahn zu verlassen. Die horizontale Kraftkomponente in Bezug auf die Fließrichtung ist, näher an einem relevanten Material Konglomerat, stärker. Umgekehrt kann durch eine Materialverbindung die wirkende Kraft an dieser Stelle stärker werden und damit das Material abtransportiert werden. Eine Aufweichung von wasserlöslichen Kristallstrukturen ist so vorstellbar.

Ein offensichtlicher analoger Effekt zur Ablösung und Anlagerung kann täglich in einem fließenden Fluss hinter jedem

Felsen oder Brückenpfeiler beobachtet werden. Es sammelt sich Material als Kies auf der Rückseite dieses Material "Extrema" an. Ein Material Extrema kann ein Schwarzes Loch vom Typ „Kegel" sein. Das Material Extrema fungiert als Sammelmasse in der Nähe. Die Rückseite ist von der Quelle durch das Material Extrema vergleichbar mit dem Pfeiler getrennt. Bells Ansicht [6] das die Quantenmechanik die Ungleichheit zu verletzen scheint, kann mit dieser Theorie erklärt werden. Eine Menge von verschränkten Partikeln ist ohne einen lokalen Effekt zwischen ihnen, über eine Gitterstruktur oder das identische Strömung verbunden.

Die einleitenden Effekte zum Aufpunkt für Extrema sind als Sammelpunkte für

Materialverschiebungen aus verschieden Richtungen zu sehen, durch temperaturbedingte Verbindung, Materialeinschübe und Übergänge wie "elektrostatische" Kräfte und anschließende atomare Bindungseffekte gut erklärt.

Der durch die Umgebungsänderung von Elementarteilchen erzeugte Materie Einfluss ist viel kleiner, da diese selten als „Polarisationsfilter" fungieren können (vgl. Neutrino, ausgedehnter Teil eines rotierenden Elektrons). Dabei hat die Rotationsrichtung, die zu Unterscheidungen von Positronen und Elektronen führte keinen Einfluss.

Die Materie Struktur ist wesentlich für die Geschwindigkeit der Verteilung. Diese Reflexionen, die anfängliche Kraft und die "Impulsleiter"/Ausbreitungseinfluss beeinflussen das Strömungsfeld, wie wir es in unserer Milchstraße beobachten. Die Quellen und die Senken sind weit verbreitet im Raum und ändern ihre Amplitude. Aus diesem Grund erhalten wir in der Milchstraße <u>lokale Hauptformen</u> und die gleichzeitig hauptrichtungsgebend sind oder durch die äußeren Hauptrichtungen vorgeben sind. Reflexionen erzeugen Veränderungen der Rotationsbahnen wie z. B. die Änderung der Mond Ekliptik. Der identische Effekt und der Wirkung von strukturierten Material Formationen der (längs-, traversal-) Strömungsfeld Kräfte, unter wechselnden Bedingungen, läßt sich auf die Verteilung von

Galaxienformen und Rotationen übertragen. Dieser Effekt geschieht in der Sub-Nano-Welt wie in großen skalierten Dimensionen. Diese Rotationen können neben dem Einfluss auf Materialbildungen, gleichzeitig als Milchstraßen "Spirale", dem Effekt der Mondrotation auf die Erde, auf der Erde in einer zweidimensionalen Projektion aus dem 3D-Rotationsereignis, wie z.B. die Wicklungen eines Flusses (2D), den Wurzeln (3D), Huygens "Interferenz Proben ", Mandelbrot usw. beobachtet werden. Starke Rotationen erzeugen ein schwarzes Loch (falls es nicht durch eine einseitige Explosion entstanden ist) oder erzeugen einen Stern.

Wenn die Erdrotation immer noch ein Überbleibsel aus aus dem Urknall wäre, wieso würde die Reibung zwischen der Erde und der Atmosphäre nicht die

Rotationsgeschwindigkeit reduziert haben- die Coriolis Kraft beeinflusst die Atmosphäre und nicht den Planeten. Der reine Bestrahlungseinfluss durch die eine Sonne im Sonnensystem sollte zu einem anderen Rotationsverhalten führen.

Eine homogen gefüllte runde Material Kugel im Raum wird mit den bekannten Messmethoden nicht in allen Messpunkten eine (Gravitations-) Kraft zeigen, die mit dem Quadrat des Radius im strömenden Feld übereinstimmt bzw. abnimmt (siehe Kapitel zum experimentellen Nachweis).

Durch die Quellen und Senken Betrachtung löst sich das Problem der scheinbaren unerklärlichen unendlichen Ausdehnung. Der Effekt von größeren Materieanhäufungen im Strömungsfeld

erzeugt verschiedene Strömungs-
geschwindigkeiten, die den Eindruck
einer beschleunigten Expansion
erzeugen können.

Eine Singularität ist in dieser Beschreibung
auch möglich. Diese wird repräsentiert
durch die Fusion. Aus zwei
Materieelementen wird eines.
Mathematisch lässt sich die Definition der
komplexen Zahlen dazu verwenden. Mit
der Definition,

dass i*i=-1 ist (oder j in der Elektrotechnik)
wird die Änderung der Fusion
beschrieben. Nach dem Fusionsvorgang
ist ein Element reduziert und die Fläche
der beiden Elemente ist nach der Zeit
ineinander übergegangen (i*i oder x*y).
Ergänzt man auf beiden Seiten durch
einen Faktor k ergibt sich ein Maß für die

negative Verschiebung bzw. die Fusion. Dabei kann k auch die Zeit und damit auch einen Volumenfaktor darstellen.

Im Allgemeinen hängt die Ausbreitungszeit von der Trajektorie und ihren Füllelementen ab. Der Ausbreitungsimpuls wird durch die Verwendung eines Pfades, der durch Material mit dem optimierten Masseverhältniss verbunden ist, schneller. Parallele bewegliche Elemente können sich aufteilen, wenn ein Element kollidiert und das andere sich weiter bewegt. So erhielt das ursprüngliche Element zwei Geschwindigkeiten. Die Zeit ist eine künstliche Einteilung, die beliebig gewählt werden kann. Es gibt keinen Bezug zum leeren Raum. Als Fazit haben wir eine geringe Wahrscheinlichkeit für eine <u>Zeitreisen</u>. Die Wahl eines schnelleren Weges könnte uns einer Reflexion eines Ereignisses in der Vergangenheit näher bringen, aber wir haben nicht die Möglichkeit eines Eingriffes in das Ereignis aus der Vergangenheit.

Einsteins <u>relativistische Berechnung</u> wird transferiert und verbessert. Neben der Beschreibung, Anzahl und Lokalisierung der Verschiebungsquelle, auch durch Ergänzung von Materiefaktoren.

Schließlich scheint es offensichtlich, dass ein <u>Wirbelsturm</u> und ein dynamisches kosmisches Schwarzes Loch sehr ähnlich sind. Es ist rotierende Materie mit einem bis zu einem gewissen Grad kollisionsfreien, strukturell verteilt oder gefüllten Zentrum. Die rotierende Masse kann äußere Hohlräume aufweisen, die Reste von einer Explosion sind (siehe Abbildung 8).

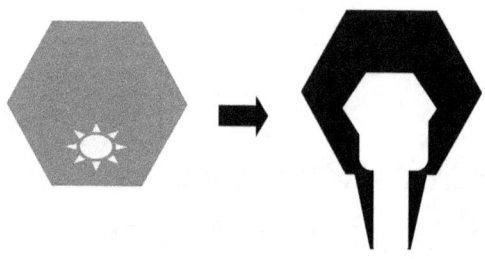

Abbildung 8 Rotierende Materie mit einer Öffnung nach einer unsymmetrischen Explosion

Aus Materie in einer anfänglich rotierenden Ringform entsteht ohne die Nähe einer anderen großen Masse oder kreuzender Strömung kein Volumenkörper. Die Nähe von zwei zusätzlichen gleichen Massen oder unterschiedlichen Massen, die durch die Entfernung kompensiert werden, kann die Ringform in der Mitte verändern und in einen statischen "Twister" oder Kegel überführen. Die Betrachtung in das Innere des Kegels zeigt, falls keine Kollisionen stattfinden, keine thermischen oder Blitzeffekte vorherrschen, sich der schattierte Bereich schwarz. Verfügbare Materialien wie H, O und Platin können ähnlich wie eine Brennstoffzelle funktionieren, die Wärme und Elektrizität, die einen Massestrahl, Lichteffekte und Radioaktivität erzeugt. Wenn der Massestrahl senkrecht zur Drehrichtung Austritt, erhalten wir einen Pulsar-Charakter der rotierenden Materie.

Ein im Strömungsfeld befindlicher an den Enden <u>gebogener Zylinder</u> eignet sich zur Erzeugung einer rotierenden Kugelform im unmittelbaren Einflussbereich.

Ein durch Strahlung erzeugter gerichteter Impuls kann Schichten des Material anheben. Ein bestehender <u>drehender Torus</u> kann durch die gerichtete vertikalen Bewegung als vertikalen rotierend mit spiralförmigen Rotationen oder mit anderen Worten, wie ein Korkenzieher geformter Drehtorus gesehen werden. Die Vertikalströmung wird als Nebenrichtung zur Rotationsachse, d.h. senkrecht zur Rotationsrichtung, je nach Drehrichtung, auch ungebundene Materie „absaugen", wenn der Kegel offen ist, vergleichbar mit einer rotierenden Hufeisen/Omega Form.

Die rotierenden Objekte mit der oben beschriebenen Vertikalströmung können von "übrig gebliebene" Sternen als komprimierte „Schmelze", teilweise oder ganz überlappt werden und als Hintergrundquelle dienen. Diese werden in einer Beobachtungsrichtung als blinkende Quelle (Pulsar) wahr-genommen. Komprimierte Masse Ringe als schwarze Löcher und andere eine Verschiebung erzeugende Objekte beeinflussen das Strömungsfeld und die Materialverteilung.

Das Drehen der Spiralschleife, ähnlich zu der in Abbildung. 6 dargestellten, erzeugt einen konstanten strömenden Materie bzw. Plasmastrom mit einer verteilten der Spiralwellen folgenden Verzögerung bzw. Überlagerung gegenüber der Hauptwellenfront, abhängig von der Spiralgröße.

Sternexplosionen werden in Bezug auf die gewonnene Masse eines Sterns und gestörte innere Prozesse gesehen. In der Zeit des Wachstums eines Stern aufgrund dem Zufließen eines Materiestrom in der Umlaufbahn und der anschließenden Verdichtung steigt die angesammelte Sternmasse. Aufgrund der sich erhöhenden Temperaturen im inneren entsteht sogenanntes Plasma. Diese rotierenden Plasma Ströme erzeugen elektromagnetische Felder und eine geordnete bestimmte Struktur. Möglich, aufgrund des entsprecht äußeren vorhanden Strömungsfeldes, ist eine Schichtstruktur, d.h. die Plasmaströme sind in nach der Größe übereinanderliegenden Ringen angeordnet. Eine andere entsprechende Schichtung kann entsprechend im Winkel verändert die erst beschriebene durchkreuzen. Wenn das Strömungsfeld aus verteilten Richtungen mehr Materie zuführt bilden sich die Ring Konglomerate- die Vereinigung von Einzelringen. Als Beispiel siehe Abbildung 9 und 10.

Abbildung 9 Mehrere ringförmige, geschichtet und teils verschlungene rotierende Plasma Ströme

Abbildung 10 Seitenansicht mehrerer ringförmiger, geschichteter Plasma Ströme mit gekippten kleineren begleitenden seitlichen Plasma Strömen (eingefügte Pfeile als Beispiele für die Drehrichtung).

Neben der Konglomeratentstehung kann das „Füttern" dieser inneren Strömungsstrukturen mit mehr Materie auch zum Kontakt zweier entgegengesetzt rotierender Ringen führen. Dies impliziert eine <u>abrupte Änderung</u> der strömenden Richtung. Wenn alle Parameter bestimmte Schwellenwerte überschreiten (Erklärung für bestimmte notwendige <u>Materiegrößenanhäufungskategorien</u>), führt dies zu einer riesigen Explosion oder <u>Supernova</u>.

Es scheint wahrscheinlich, dass aktive Sonnen mit inneren rotierenden Plasmaströmungen ihre direkte Umgebung beeinflussen. Es entsteht neben der radialen Verteilung, eine starke tangentiale Materieverschiebungskomponente.　　Diese Komponente wäre neben der inhomogenen Oberflächenstruktur verantwortlich für Perihel Rotation von den umliegenden Planeten.

Wenn man bedenkt, dass der Effekt durch die Wirkung der Masse allein nicht die Ursache für die Zusammenballung der Masse ist, kann die Stabilisierung unserer Galaxie schwieriger vorhergesagt werden.　　Durch　die　verringerte Vorhersagbarkeit ist möglicherweise die Reaktionszeit　nicht　in　dem　Masse gegeben wie es bisher angenommen wurde. Aus　diesem　Grund　ist　ein rechtzeitig vorbereiteter　organisierter effektiver Meteoriten Schutz der Erde vernünftiger.

3.6 Die zu beweisende Theorie

Neben den aufgezeigten Argumenten zu einer nun geschlossenen theoretischen Betrachtung (Hauptsätze der Thermodynamik, Fernwirkung, etc.) wird bereits hier in einigen Beispielen darauf hingewiesen, wie ein praktischer <u>Beweis für diese Strömungsfeldtheorie</u> geführt werden kann:

Die Anordnung von Dipolen an der Oberfläche und die zusätzliche Kompression des Wassers an dem ca. 4 °C Punkt kann nicht vollständig mit einer radialsymmetrischen Anziehung der Einzelmoleküle erklärt werden, sondern mit dem gerichteten Strömungsfeld Einfluss in Verbindung mit der Materialstruktur. Die notwendige Ausrichtung der Elemente würde nicht nur wegen einer reduzierten Bewegung aufgrund der Temperatur um den 4°C stattfinden.

Bei einer weiteren Temperaturabnahme werden die einzelnen Elemente durch eine neue Ausrichtung der (inneren) Rotationskörper stärker gebunden (Wasserstoff). Um dieses als experimentellen Beweis zu verwenden, würden wir den Strömungsfeld Einfluss Abschirmen müssen. Dies ist bisher nicht gelungen...

Ein vergleichbarer Effekt findet beim Bau der Blasenwand statt. Das Material richtet sich im Strömungsfeld aus (vergleiche die beschriebene Streuungslinearisierung) und die Blasenwand erhält aufgrund der atomaren Sauerstoff Form/

Verbindungszonen eine gekrümmte Form.

Ein homogener "Globus" oder Massekugel im Raum, wird durch eine Gravitationsmesssonde vermessen werden. Es wird erwartet, dass das Ergebnis von der radialsymmetrischen Verteilung einer berechneten „Anziehungskraft" um die Massekugel abweicht. Wir erwarten eine elliptische Verteilung der Prüfergebnisse mit stochastisch verteilten Einzelstrahl Abweichungen (vgl. auch die Jakobsmuscheln-Oberfläche).

Ein weiteres Experiment könnte mit flüssigem Helium in einem Tank im Weltraum durchgeführt werden. Nach der gewonnenen Erfahrung, bildet dies kein Konglomerat, wie es sein sollte, wenn die Anziehung zwischen den einzelnen Atomen wirksam wäre. In diesem Zusammenhang ist auch der „Onnes Effekt" interessant, nachdem im Falle einer aus dem Helium hinausragende Oberfläche, sich dieses auf dieser Fläche auch gegen die Schwerkraft bewegt. Es verteilt sich nach dem Strömungsfeld Einfluss in den Tank. Für das Experiment mussten alle Parameter wie Konstante Temperatur- und Druckeffekte überwacht werden.

Kapitel Zusammenfassung

Diese Kapitel führt theoretisch in die Entstehungsquellen, die Eigenschaft von Raumeffekten und eine neue Sichtweise der nicht-symmetrischen Weltraum Bildungstheorie ein. Die vorhanden Fusionen im Weltraum, den resultierenden Verschiebungen und Impulsquellen, die Ausbreitung der Impulse, Aufteilungen, Änderungen und Reflexionen werden als verantwortlich für ein vorhandenes Strömungsfeld bezeichnet, das eine Kraft erzeugt. Elemente in diesem Raum dienen der Ausbreitung als "Impuls Leiter" und die resultierenden Kräfte in diesem strömenden Feld bündeln Massen, rotieren und transportieren diese in die bekannten Konstellationen. Die Zeit wird als definierte Einteilung angesehen. Die Kraft entwickelt sich aus jeder

Raumänderung im Strömungsfeld Raum, dem Weltall, durch Kompensation von Kräften und die Masse allein ist nicht die Ursache für die bisherige Betrachtungsweise der Anziehung. Schwarze Löcher werden als rotierende und komprimierte Massen ohne eine unendliche "Gravitationskraft" gesehen.

Die Formation der Masse im Raum wird durch eine Quellen- und Senken-Betrachtung ersetzt und benötigt damit nicht einen „Big Bang" zur Entstehung des Universums. Experimente sind für den praktischen Beweis dieser Theorie im Kapitel 3.6 definiert.

4 Zusammenfassung

Der Text beschriebt eine These die sich erübrigt falls ein Argument gefunden wird, dass das Gegenteil beweist. In den ca. 10 vergangen Jahren ist dies bisher nicht vorgekommen. Ansonsten wird der Text von der Projektgruppe in weiteren Ausgaben durch alle neuen Erkenntnisse aktualisiert, die auf der beschriebenen neuen Sichtweise aufbauen.

Der Text für "das neue Verständnis der Materie Formation" bildet eine neue Systematik, die in einem Satz ausgedrückt werden kann: Materie formiert sich in der Strömung, ausgelöst durch eine Verschiebung. Diese Verschiebung kann der Beginn einer Schwingung sein.

Die Verschiebung wird mit einem Impuls assoziiert und die Schwingung mit einer Welle oder „Spin", je nach der Umgebung der betrachteten Materie.

Andere Verbindungen der Materie sind ein Ergebnis der genannten Systematik.

5 Weitere Links und Literaturverweise

[1] *Neue Astronomie* von Johannes Kep(p)ler (1571-1630), Unveränderter Nachdruck der Ausgabe von 1929. Oldenbourg Wissenschaftsverlag, München 1990, <u>ISBN 978-3-486-55341-3</u>.

[2] Le Sage (1756) "Die Verteilung dieser Ströme ist außerordentlich isotrop und die Gesetze der Ausbreitung entsprechen denen des <u>Lichts</u>. "

[3] Fatios (1690) "Teilchen in Richtung zz strömen, und ebenso einige Teilchen, die von C bereits reflektiert wurden, in Gegenrichtung strömen. (Fatio nahm an, dass die durchschnittliche

Geschwindigkeit und somit auch die <u>Impulse</u> der reflektierten Teilchen geringer seien als die der einströmenden. Das Resultat ist ein <u>Strom</u>, ...")

[4] M. Planck: „*Zur Theorie des Gesetzes der Energieverteilung im Normalspektrum*", Verhandlungen der Deutschen physikalischen Gesellschaft 2(1900) Nr. 17, S. 237–245

[5] W. Heisenberg: „*Über quantentheoretische Umdeutung kinematischer und mechanischer Beziehungen*" Zeitschrift für Physik 33 (1925), S. 879–893

[6] On the Einstein-Podolsky-Rosen paradox 1964 from John S. Bell

[7] Albert Einstein: Über Gravitationswellen. In: Königlich-Preußische Akademie der

Wissenschaften*(Berlin)*. Sitzungsberichte (1918), Mitteilung vom 31. Januar 1918, S. 154–167

[8] Wilbert Jan, Schwarz Harald, A New EMS Facility For The Test Of Large Widespread Systems, IEEE/EMC Washington, DC 2000, ISBN 0-7803-5678-0

[9] LARGE SCALE STRUCTURE OF THE UNIVERSE, Alison L. Coil, University of California, San Diego , La Jolla, CA 92093, Vol. 8 of book "Planets, Stars, and Stellar Systems", Springer, series editor T. D. Oswalt, volume editor W. C. Keel

Kommentare sind sehr willkommen unter: willi.oberaht@gmx.de, Ref. 387851130106

München April 2018